BEI GRIN MACHT SICH IHR WISSEN BEZAHLT

AF155683

- Wir veröffentlichen Ihre Hausarbeit,
  Bachelor- und Masterarbeit

- Ihr eigenes eBook und Buch -
  weltweit in allen wichtigen Shops

- Verdienen Sie an jedem Verkauf

Jetzt bei www.GRIN.com hochladen und kostenlos publizieren

Bibliografische Information der Deutschen Nationalbibliothek:

Die Deutsche Bibliothek verzeichnet diese Publikation in der Deutschen National-
bibliografie; detaillierte bibliografische Daten sind im Internet über http://dnb.d-
nb.de/ abrufbar.

Impressum:

Copyright © 2015 GRIN Verlag, Open Publishing GmbH
Druck und Bindung: Books on Demand GmbH, Norderstedt Germany
ISBN: 9783668420168

Dieses Buch bei GRIN:

http://www.grin.com/de/e-book/355424/foerderung-begabter-kinder-im-mathema-
tikunterricht

Caritas Höppner

Förderung begabter Kinder im Mathematikunterricht

Unter Nutzung der Aufgabe "Schnittpunkte von Geraden untersuchen"

GRIN Verlag

MARTIN-LUTHER-UNIVERSITÄT
HALLE-WITTENBERG

Förderung begabter Kinder im Mathematikunterricht

Thema der Unterrichtsstunde:
Schnittpunkte von Geraden

Inhalt

1 Vorstellung der Aufgabe

Inhalt der Aufgabe soll es für die SchülerInnen sein, die unterschiedliche Anzahl von Schnittpunkten bei verschieden vielen Geraden zu untersuchen.

Ausgangspunkt der Aufgaben ist eine einleitende Erklärung der Begriffe „Gerade" und „Schnittpunkt". Gemeinsam legen wir Regeln fest, das zum Beispiel alle Geraden sichtbar sein müssen und nicht übereinander liegen dürfen und dass es keine versteckten Schnittpunkte geben darf, die beim Weiterzeichnen der Geraden zum Vorschein kommen würden. Wir schauen, wie viele Schnittpunkte zwei Geraden haben können und wiederholen daran die Begriffe „Schnittpunkte" und „Geraden".

Als nächstes untersuchen die Kinder, wie viele Schnittpunkte bei drei Geraden auftreten können. Dafür haben sie Platz auf ihrem Arbeitsblatt. Im Anschluss betrachten sie die maximale Anzahl der Schnittpunkte bei vier, fünf, sechs und sieben Geraden. Alle Ergebnisse, das heißt alle Anzahlen von Schnittpunkten, die kleiner als die Höchstanzahl sind und die maximalen Anzahlen, sollen sie auf kleine Zettel geschrieben und beschriftet mit der Anzahl der Geraden und Schnittpunkte an die Tafel gebracht werden.

Ziel sollte es sein, Regelmäßigkeiten der Schnittpunktanzahlen zu ergründen, das heißt beispielsweise, wie viele Schnittpunkte jeweils dazukommen, wo es Lücken gibt, welche Anzahlen die nächst kleineren sind und welche Anzahlen von Schnittpunkten immer möglich sind. Dabei sollen sie eigens entwickelte Strategien und Lösungswegen finden, überdenken und nutzen. Ziel ist es, die Vorgehensweise der Kinder zu beobachten und sie herauszufordern, Entdeckungen zu erklären.

Zwischen den einzelnen Aufträgen sind Phasen des Zusammentragens vorgesehen.

Den Kindern ist es freigestellt, ob sie allein oder zusammen arbeiten. Bei Fragen und Problemen können sie auf die Studierenden zukommen.

2 Begründung der Aufgabenauswahl

Die Aufgabe zur Erkundung von Schnittpunkten ist in meinen Augen sehr gut für Kinder mit mathematischer Begabung geeignet, da man mit ihr viel erproben, erforschen und entdecken kann. Sie fordert einen heraus, Phänomene aufzudecken. Dazu muss das Kind „mathematische Strukturen erkennen"[1] und sensibel für Mathematik in der Umgebung sein. Erst wenn die Kinder entdecken, dass die Anzahl der maximalen Schnittpunkte immer um die vorherige Geradenanzahl wächst, können sie Erklärungen dieses Phänomens finden. Genauso müssen sie sensibel sein für die Lücken in den Anzahlen der Schnittpunkte oder auch für den immer wiederkehrenden Fall, dass null und ein Schnittpunkt möglich sind. Dabei sind sie darauf angewiesen, mit der Komplexität der Aufgabe umgehen zu können. Viele Handlungsschritte müssen parallel durchgeführt werden. Sie entwickeln dabei eine eigene Strategie, vorzugehen und entscheiden sich beispielsweise mit einer sehr hohen Anzahl von Geraden zu beginnen. Vielleicht sehen sie auch gleich eine Ökonomie, die in Partnerarbeit steckt und tauschen sich gegenseitig über ihre Entdeckungen aus. Sie müssen ausprobieren, Hypothesen aufstellen, diese belegen und überprüfen zu können. Dabei ist der „selbstständige Transfer mathematischer Sachverhalte"[2] nötig, die SchülerInnen übertragen ihre Gedanken immer wieder auf das Objekt selbst. In welchem Rhythmus die Schnittpunkte anwachsen, müssen sie überprüfen, sonst kann es schnell passieren, dass sie zum Beispiel die Lücken, das heißt die Fälle, die für die Anzahl bestimmter Geraden nicht entstehen, übersehen. Im Austausch mit anderen oder durch einen Impuls der Lehrkraft kann schnell entdeckt werden, dass es einfach nicht möglich ist, dass sich zum Beispiel fünf Geraden zweimal schneiden.

Außerdem benötigen die Kinder zum Lösen der Problemstellung „Räumliches Vorstellungsvermögen"[3], um sich vorstellen zu können, wie die Geraden weiter verlaufen und ob es noch Schnittpunkte geben wird. Die Aufgabe spricht jedoch nicht nur mathematikspezifische Begabungsmerkmale, sondern genauso „begabungsstützende allgemeine Persönlichkeitseigenschaften"[4] des Kindes an. Die Kinder werden neugierig auf die Aufgabe gemacht, sie sind motiviert, selbstständig und beharrlich nach den Möglichkeiten zu suchen und entwickeln im besten Fall Freude und Bereitschaft, sich anzustrengen. Sie können individuell oder gemeinsam mit anderen vorgehen und sich Einzelschnitte aufteilen. Vielleicht erkennen sie von selbst die bereits angesprochene Ökonomie der Aufgabenteilung. Dabei entwickeln sie die Fähigkeit zur Kooperation.

Die Aufgabe bietet weiterhin ein breites Feld von Entdeckungen. Die ersten kleinen Erkenntnisse kommen möglicherweise nach ein paar Minuten, zum Beispiel sagte mir ein Junge, er zeichnet die Geraden nicht parallel, da es dabei weniger Schnittpunkte gibt. Erfolgserlebnisse, die schon nach kurzer Zeit möglich sind, motivieren vor allem die Kinder, die bei Aufgaben schnell aufgeben, die nur auf ein weit entferntes Ziel ausgerichtet sind. Aber auch sehr fitte, schnelle Kinder, die einzelne Rechenschritte und Versuche überspringen und gedanklich gleich weitergehen, können viel entdecken

---

[1] Aßmus, D., Merkmale mathematischer Begabung. 2014.
[2] Ebd.
[3] Ebd.
[4] Peter-Koop, A., Mathematisch besonders begabte Grundschulkinder als schulische Herausforderung, Offenburg 2002, 16.

und die Aufgabe in ihrer Tiefe ergründen. Damit eröffnet sich eine breite und natürliche Differenzierung. Sie spricht verschiedene Bedürfnisse und Typen von Kindern an. Einige Kinder lieben es, sich vor allem mental zu bewegen und gedanklich eine Lösung zu ergründen, andere gehen über das Ausprobieren, sie wollen zeichnen und entdecken fast nebenbei Regeln.

Außerdem denke ich, dass sich die Aufgabe auch eignet, weil die Kinder bereits von den Begriffen „Gerade" und „Schnittpunkt" gehört haben, aber eine derartige Problemstellung sicher nicht im Unterricht untersucht wurde, weil sie sehr komplex ist und im frontalen Unterricht, wie er sehr häufig praktiziert wird, schwierig umzusetzen wäre. Es ist sinnvoll, eine unbekannte Aufgabe zu wählen, weil die Kinder keine bereits erlernten Lösungswege ohne Überlegungen anwenden können. Mit Sicherheit nutzen sie Bekanntes und spüren Zusammenhänge zu anderen Aufgaben auf und das ist auch gut so, aber ich denke, dass es wahrscheinlich nicht vorkommen würde, dass ein Kind die korrekte Anzahl der jeweiligen Schnittpunkte aufschreibt und erklärt, dass sie es in der Schule gelernt haben, dass sie wie eine Treppe wachsen, es aber selbst nicht verstehe, wie und warum.

Dieses große Potential der Aufgabe und die Breite und Tiefe der Bearbeitung, die Aufgabe als etwas Unbekanntes, das herausfordert und motiviert, spricht für deren Einsatz und für den Versuch, es auch mit einer Klasse auszuprobieren. Das wird aber nicht im militanten Gleichschritt möglich sein, sondern im Unterstützen von individuellen, spannenden, außergewöhnlichen Denkweisen der Kinder, die alle auf bestimmten Gebieten mathematische Stärken haben und miteinander spannende Entdeckungen in der Welt machen können.

3 Reflexion des Stundenverlaufs

Der geplante Verlauf der Stunde stimmte in etwa mit dem tatsächlichem überein. Die Motivation am Stundenbeginn lief aus meiner Sicht sehr gut. Die Erläuterungen der Begriffe „Gerade" und „Schnittpunkt" waren zu ungenau. Ich habe den Fehler gemacht, die Geraden an die Tafel frei Hand zu zeichnen. Später übernahmen ein Teil der Kinder diese Vorgehensweise und so entstanden Schnittpunkte, die bei wirklichen Geraden nicht aufgetreten wären, da die Linien der Kinder Knicke und Krümmungen hatten. Auch der Begriff „Schnittpunkt" war einigen Kindern nicht gleich deutlich. Erst nach dem Beispiel an der Tafel, wie viele Schnittpunkte zwei Geraden haben können, haben, glaube ich, alle Kinder verstanden, was ein Schnittpunkt ist. Die Begriffe hätten schärfer herauskommen müssen.

Außerdem war das eine Beispiel zu knapp für das selbstständige Lösen der Frage, wie oft sich drei Geraden schneiden können. Dennoch fanden viele Kinder, möglicherweise mit Hilfestellungen der

Studierenden, alle möglichen Schnittpunkte. Parallele Geraden, die sich nicht schneiden, fanden nur sehr wenige Kinder heraus. Die Kinder, die ich beobachten konnte, kooperierten nicht miteinander. Sie tauschten sich auch nicht nach einem Hinweis von mir, das ihr Nachbar oder ihre Nachbarin möglicherweise noch andere Lösungen gefunden hat, miteinander aus.

Das Vergleichen der zweiten Teilaufgabe realisierte ich auf einem kleinen Schnipsel Tafel. Dieser Platz war zu gering, um die Lösungen gut sichtbar für alle darzustellen. Günstiger wäre der Einsatz von der Dokumentenkamera gewesen. Dabei können die Kinder ihre eigenen Lösungen für alle anderen sichtbar an die Leinwand projizieren und gegebenenfalls verändern. Mit einem Lineal zu arbeiten, wäre dabei auch unproblematisch. Außerdem hätten die Schülerinnen und Schüler auf diese Weise nicht von Anfang an die leere Tabelle an der Tafel gesehen. Die Aufmerksamkeit kann dann genau an der gewünschten Stelle darauf gerichtet werden.

Beim Verstehen der nachfolgenden Aufgabe, die maximalen Anzahlen von Schnittpunkten bei einer bestimmten Anzahl von Geraden zu finden, hatten viele Kinder Schwierigkeiten. Ich wollte sie dazu anleiten, ihre Lösungen, das heißt auch die Lösungen, die möglicherweise nicht die Höchstanzahl darstellen, nebenbei an die Tafel zu kleben. Im Vorfeld hatte ich bereits die Befürchtung, dass daraus ein Wettbewerb entstehen könnte, die fehlenden Lücken zu finden. Das bestätigte sich, sodass die dritte und vor allem die vierte Aufgabe des Arbeitsblattes nur von einigen SchülerInnen gelöst wurde. Das hatte zur Folge, dass wichtige Dokumentation der Lösungswege der Kinder nicht existieren und dass das Weiterdenken hin zu Regelmäßigkeiten und Analogien möglicherweise gar nicht motiviert oder angeregt wurde. Außerdem konnten die Kinder ihre Produkte nicht zum Weiterarbeiten nutzen, da sie diese zur Tafel brachten.

Beim Finden der Lösungen sind die Kinder, die ich beobachtet habe, eher unsystematisch, mithilfe Probierens vorgegangen. Sie verwendeten kaum Strategien, um von einer Anzahl Schnittpunkte zu einer anderen zu gelangen. Zwischendurch versuchte ich, die Aufmerksamkeit der Kinder noch einmal auf die beiden letzten Aufgaben zu richten. Das gelang nur schlecht. Der Begriff „Regeln" war sehr unpräzise gewählt. Viele Kinder verstanden diese Aufgabenstellung nicht. Motivierender erschien es ihren wahrscheinlich auch, die fehlenden Lücken, vor allen die der großen Geradenanzahlen zu finden. Am Ende der Stunde blickten wir gemeinsam auf die Tafel. Viele Kinder hatten bereits mit den Studierenden über das Wachstum der Anzahl von Schnittpunkten gesprochen. Leider war der Platz an der Tafel wieder viel zu gering, um Erklärungen anzeichnen zu lassen. Es ist sehr schwierig für den Erklärer, komplexe Sachverhalte ohne die Hilfe von Darstellungen zu erläutern und für die Zuhörer, rein Sprachliches zu verstehen.

Problematisch war außerdem, dass ich die konkreten Zahlen, wie die Schnittpunkte anwachsen, nicht noch einmal an die Tafel gebracht habe. So hatten sie die Kinder nur in der tabellarischen Form und nicht direkt beieinander. Über die Lücken, die Regelmäßigkeit, dass immer null und ein Schnittpunkt möglich sind und welche Anzahl Schnittpunkte jeweils nach null und eins die nächst kleinste ist, konnten wir aus Zeitgründen leider nicht sprechen. Das fand ich sehr schade. Ich bin mir sicher, dass sie Kinder Erklärungen gefunden haben und wir gemeinsam vieles hätten entdecken können. Wie diese Erklärungen hätten aussehen können, sieht man in einem Buch von Friedhelm Käpnick. Eine Schülerin namens Gina hat ein ähnliches Aufgabenformat bearbeitet und untersucht, wie man auf die maximale Anzahl der Schnittpunkte kommen kann. Sie beschreibt den gefundenen Trick: „Man muss hierzu nur jede Gerade durch alle anderen bisherigen durchziehen."[5] Mithilfe einer Zeichnung unterstützt sie ihre Entdeckung. Aus ähnlichen Dokumentationen hätte man die Gedankengänge der Kinder noch besser nachvollziehen können. Genau diese Ansätze konnte ich bei einzelnen Schülerge-sprächen entdecken. Für diese Ideen der Kinder hätte es spätestens zum Schluss der Stunde Zeit und Raum geben müssen. Da gerade diese Erklärungen eine Art Lösung eines unbekannten Rätsels sind, die einige Kinder in Ansätzen und doch unterschiedlich ergründet haben. Durch unterschiedliche Standpunkte, Erklärungen und Darstellung wäre es von diesem Punkt aus möglich, Denkweisen zu-sammenzuführen und Neues zu finden.

Das anzuleiten, bedarf Mut, auch zuzugeben, auf ähnliche Gedanken nicht gekommen zu sein und Dinge nicht gleich zu verstehen, Sicherheit und Vertrauen der Lehrkraft in die schlauen und manches Mal ungewöhnlichen Gedanken der Kinder. Erst wenn man eine solche Haltung einnimmt, kann der Raum für diesen effektiven Austausch entstehen. Ich hatte den Mut und die Sicherheit zu diesem Zeitpunkt noch nicht, aber ich bin der besten Hoffnung, daran zu arbeiten und Kindern nicht auf mein Ziel, das ich als Lehrerin vor Augen habe, hinzulenken, sondern sie zu ermutigen, ganz neue Wege zu gehen. Unterricht mit dieser Einsicht zu gestalten, ermöglicht ein entdeckendes Lernen, nicht nur für die Schülerinnen und Schüler, sondern auf für die Lehrkraft.

4 Auswertung der Stunde nach einem selbstgewählten Schwerpunkt

Zunächst interessieren mich die Strategien, die die SchülerInnen nutzen, um zu ihren Ergebnissen zu kommen. Die Beobachtungsprotokolle meiner Kommilitonen bestätigen auch meine Beobachtungen. Die meisten Kinder probieren zunächst einfach aus. Sie zeichnen eine bestimmte Anzahl von Geraden

---

[5] Käpnick, F., Das Münsteraner Projekt „Mathe für kleine Asse!. Perspektiven von Kindern, Studierenden und Wissenschaftlern. Münster 2010, 14.

und zählen die entstandenen Schnittpunkte. Einige Kinder markieren diese bunt, um sich möglicherweise nicht zu verzählen. Sie sind zunächst vor allem dann begeistert, wenn sie besonders viele Schnittpunkte finden. Einige benutzten beim Zeichnen kein Lineal und lassen Anzahlen von Schnittpunkten entstehen, die bei der Lage ihrer eingezeichneten Geraden nicht vorhanden wären. Alle Kinder sind motiviert, die Aufgabe zu lösen.

Bei der der zweiten Aufgabe, das heißt beim Finden aller Anzahlen von Schnittpunkten von drei Geraden, nutzen einige Kinder die Tafel als Unterstützung, weitere Möglichkeiten zu finden. Sie sehen, wie die Geraden liegen können, zeichnen zunächst zwei sich kreuzenden Geraden und fügen eine dritte ein. Dabei bilden die Schnittpunkte die Eckpunkte eines Dreiecks. Alle Kinder finden die Lösung, dass drei Geraden so liegen können, dass sie sich dreimal schneiden. Dabei finden eher weniger Kinder drei Geraden, die einen Schnittpunkt haben. Kaum ein Kind entdeckt, dass drei parallele Geraden keinen Schnittpunkt besitzen, obwohl wir diesen Fall für zwei Geraden zusammen an der Tafel besprochen haben. Bei der dritten Aufgabe untersuchen einige Kinder vor allem die großen Anzahlen von Geraden. Diese scheinen möglicherweise spannender und motivierender. Auch beim Finden der maximalen Anzahlen ging kein Kind, das ich beobachtet habe, von einer vorherigen maximalen Anzahl aus, sondern probierte immer von neuem. Meist haben sie auch ein Ziel, zum Beispiel ein Junge, der ein Bild finden wollte, bei dem sich sieben Geraden genau 17mal schneiden. Er hat diesen Fall nicht gefunden, aber eine Möglichkeit, sieben Graden 16mal schneiden zu lassen. Er verwirft das Bild aber, weil es schon an der Tafel hängt und fängt neu an. Der Junge geht nicht den Gedankenschritt, einzelne Geraden anders zu zeichnen, um auf 17 Schnittpunkte zu kommen. Obwohl die Kinder Methoden zum Finden von mehr Schnittpunkten fanden, wie beispielsweise ein anderer Junge, dem auffiel, dass man Geraden nicht parallel zeichnen sollte, um viele Schnittpunkte zu erhalten, setzten die Kinder ihre gefundenen Regeln kaum um. Interessant wäre es, ob sie nach dem Erklären der Regel, wie viele Schnittpunkte pro zusätzlicher Gerade dazukommen, eine Strategie entwickeln, um von einer Anzahl Schnittpunkte zu einer anderen zu gelangen. Vielleicht entdecken sie dabei Bilder, die immer wieder auftauchen.

Anders sah das bei zwei Regeln aus, die viele Kinder gleich herausfanden. Sie erkannten, dass es immer Bilder für null und einen Schnittpunkt gibt und dass diese sehr ähnlich strukturiert sind. So wurden die Lücken der Tabelle an der Tafel für einen und null Schnittpunkte sehr schnell gefüllt. Dieses erworbene Wissen konnten sie immer wieder anwenden und hätten mit Sicherheit auch sagen können, wie ein Bild mit 1000 Geraden aussehen muss, sodass es keinen Schnittpunkt gibt.

Interessant sind auch die verwendeten Strategien, um gefundene Lösungen zu dokumentieren. Daran erkennt man, wie die gefundenen Ergebnisse von den Kindern transferiert werden. Ansatzweise kann man Vermutungen anstellen, inwieweit die Kinder in der Lage sind, Ergebnisse zu strukturieren.

Das war nur dadurch möglich, weil es auf dem Arbeitsblatt der Kinder kein vorgegebenes Muster der Schreibung der Lösungen gab, wie beispielsweise eine Tabelle oder einen Lückentext. Für die dritte Aufgabe finden die Kinder ganz unterschiedliche Möglichkeiten. Teilweise versuchen die Kinder ihre Ergebnisse in einer Tabelle zu strukturieren. Möglicherweise diente die an der Tafel stehende Tabelle als Impuls. Das Ausfüllen ihrer Tabellen fiel den Kindern jedoch schwer. Sina zieht beispielsweise vier Spalten und schreibt in den Kopf die Jeweilige Geradenanzahl. Ganz unten führt sie die gefundene Höchstzahl der Schnittpunkte auf. Diese Lösung wird von ihr mehrfach überarbeitet. Sie streicht ihre alte Zahl durch und schreibt eine neue Schnittpunktanzahl daneben. Emilia hat ebenfalls eine Tabelle gezeichnet. Sie füllte diese jedoch nicht aus. Möglicherweise hatte sie Schwierigkeiten, wo sie welche Ergebnisse hineinschreiben soll. Vielleicht war sie durch die Tabelle an der Tafel eingeschränkt, wollte dieses Muster übernehmen, konnte es aber nicht für sich nutzen. Die Methode der beiden Mädchen ist prozesshaft und ermöglicht es, viele Ergebnisse zu sammeln, ohne diese zunächst zwingend ordnen zu müssen. Sie könnten verschiedene Möglichkeiten, wie oft sich verschieden viele Geraden schneiden, sammeln und die Höchstzahl noch einmal extra aufschreiben oder in ihrer Tabelle markieren.

Eine andere Variante ist das Neben- oder Untereinanderschreiben der Anzahl der Geraden und der Schnittpunkte. Diese Strukturierung der Ergebnisse führt nur die Endergebnisse auf und ist das Resultat verschiedener Denkprozesse. Der Lösungsweg und Zwischenergebnisse bleiben dabei verborgen. Diese Darstellung wurde nach Aussagen meiner Kommilitonen teilweise durch sie instruiert. Ich glaube, dass es eher ein Weg der Erwachsenen ist und eine Darstellungsweise, die Kinder in der Schule erlernen sollen – sehr übersichtlich und, ohne dass die Lehrkraft sich richtig hineindenken muss, kontrollierbar. Kinder würden in ihrer Freiheit und Unbeschwertheit des Denkens sicherlich häufig andere, kreativere Wege einschlagen. Auch in dieser Stunde kamen, wie bereits erwähnt, Impulse durch die Erwachsenen. Nils benutzt als Trennung einen Strich, Gero und Friedrich nutzen ein Ist-gleich-Zeichen. Nicolas schreibt die Anzahl der Geraden und darunter vermerkt er möglicherweise die vermutete maximale Anzahl. Darunter schreibt er wahrscheinlich die selbst wirklich ermittelte Höchstanzahl der Schnittpunkte. Um sicher zu gehen, müsste man ihn jedoch noch einmal dazu befragen. Jolanda schreibt ihre Ergebnisse aus und trennt sie durch Kommas. Viele andere Kinder haben bei dieser Aufgabe keine Ergebnisse notiert. Ich vermute, dass das der Zeit und der zu starken Konzentration auf die Tafel geschuldet ist.

Spannend war es außerdem, dass die Kinder kaum miteinander kommunizierten. Nur bei den Studierenden suchten die Kinder Antworten und ein Feedback auf ihren Lösungsweg und die Produkte. Möglicherweise haben sie die Erfahrung gemacht, sich vor allem auf sich selbst und auf ein Umfeld zu verlassen, dass aus ihrer Sicht zunächst mehr weiß. Erwachsene benötigen oft nur ein Stichwort, um zu vermuten, was ein Kind wissen will. Anderen Kindern eine Problematik zu erklären und um Hilfe zu bitten, wird möglicherweise als beschwerlich empfunden. Doch der Austausch unter den Kindern kann sehr produktiv sein und eine entspannte Atmosphäre schaffen. Etwas anderen zu erläutern, mit Zeichnungen zu unterstützen und konkrete Probleme herauszustellen, kann das eigene Verstehen fördern. Die Erklärungen voneinander können außerdem oft besser verstanden werden als die der Lehrkräfte. Fakt ist, dass die Kinder unterschiedliche Lösungen gefunden haben und dass das Verständigen darüber zu neuen Erkenntnissen hätte führen können.

Die Frage bleibt, wie man diesen Austausch unterstützen kann. In Rahmen dieses Projektes kennen sich nicht alle Kinder. Vielleicht wäre es möglich, die ersten Stunden spielerisch zu gestalten. Dafür könnte man Spiele nutzen, die das Zusammenarbeiten herausfordern, bei denen Teamwork nötig ist oder mindestens zu besseren Ergebnissen führt. Die Kinder können entdecken, dass es effektiv ist, zusammen zu arbeiten und andere um Unterstützung zu bitten.

Ich denke, es ist eine wichtige Kompetenz, sich über Mathematik unterhalten zu können und andere Kinder mit ihren Ideen wahrzunehmen. Das „Kommunizieren" ist eine der prozessbezogenen Kompetenzen des Fachlehrplanes Mathematik in Sachsen-Anhalt. Nach Mönks kann sich mathematische Begabung gut entfalten, wenn dem Kind ein „harmonischer Interaktionsprozess zwischen den personinternen anlagebedingten Merkmalen [...] und den fördernden Sozialbereichen Familie, Schule, Peers"[6] gelingt. Dazu ist die soziale Kompetenz nötig.

Viele außerschulische Förderprojekte, wie zum Beispiel „Kreisarbeitsgemeinschaften Mathematik"[7] in Sachsen-Anhalt legen besonderen Wert auf den Austausch unter den Kindern. Die Kinder arbeiten in Kleingruppen an Projekten und anderen Aufgabenformaten. Auf diese Weise lernen sie andere Perspektiven und Lösungswege kennen. Sie müssen dem anderen ihren eigenen Weg darstellen und begründen können. Genau die daraus wachsenden Möglichkeiten sollten die Kinder auch erfahren dürfen und erkennen, wie hilfreich und gut es sein kann, zusammen Entdeckungen zu machen. Auch in der Vorbereitung auf ihr Leben in einer komplexen Welt, in der man oft auf die Hilfe anderer angewiesen ist und andere Menschen auf einen selbst, hilft es, sich mit anderen austauschen zu können. Die Kinder sollen lernen, den anderen zu sehen und Vielfalt und Unterschiedlichkeit als Potential entdecken.

---

[6] Peter-Koop, A., 12.
[7] Ebd. 29.

5 Verbesserungsvorschläge

Der Ablauf der Planung entspricht den „Phasen mathematischen Lernens"[8]. In der ersten Phase, dem „Bereitstellen eines mathematischen Problemfeldes"[9] haben wir versucht in die Aufgabe einzuführen und die eingeführten Begriffe durch Beispiele zu festigen. Diese Absicherung muss durch mehr Beispiele passieren, damit alle Kinder die folgenden Aufgaben verstehen und lösen können. In der zweiten Phase, dem „Erforschen ausgewählter Aspekte"[10] konnten die Kinder in die Thematik eintauchen und der Frage nach der Höchstanzahl der Schnittpunkte untersuchen. Möglicherweise kann man die Kinder Hypothesen aufstellen und dann überprüfen lassen. Aber ich bin mir nicht sicher, ob sie zu diesem Zeitpunkt schon eine Vorstellung haben, was passiert, wenn immer mehr Geraden dazu kommen. Die dritte Phase, das „Präsentieren der Ergebnisse"[11] kam eindeutig zu kurz, sowohl die Dokumentation der Kinder auf ihrem Arbeitsblatt, als auch das gemeinsame Zusammentragen im Plenum. Auf jeden Fall müssen die Ergebnisse auch an der Tafel sichtbar gemacht werden. Die vierte Phase, das „Entwickeln und Bearbeiten von weiterführenden Fragestellungen"[12], haben wir gar nicht beachtet. Diese Phase birgt jedoch viel Potential. Die Kinder sollten selbst Fragen und Probleme entwickeln und identifizieren. Ein Junge hat zum Beispiel einen Zusammenhang mit den Dreieckszahlen entdeckt. Ein anderes Kind war sehr daran interessiert, herauszufinden, wie viele Schnittpunkte 1000 Geraden haben können. Ausgehend von selbst gewählten Problemstellungen kann forschendes Lernen unterstützt werden.

Bereits im Vorhinein diskutierten wir im Tandem, ob es sinnvoll wäre, die Produkte der Kinder an die Tafel zu heften. Uns war bewusst, dass dadurch eine Art Wettbewerb und eine starke Konzentration auf die Tafel gefördert werden kann. In der zweiten Durchführung der Stunde beschränkte sich meine Kommilitonin auf das Abkreuzen der gefundenen Bilder. Diese Methode bewirkte, dass die Kinder die letzten beiden Aufgaben des Arbeitsblattes bewusster lösten und sich nicht nur auf das Finden der Bilder, sondern auch auf die dahinter versteckte Lösung konzentrierten. In dieser Stunde gab es zum Beispiel zwei Jungen, die sich vor der Tafel über das Zunehmen der Anzahl der Schnittpunkte unterhielten. Es gab nicht nur der einen Punkt im Raum, wie in meiner Stunde die Tafel, auf das sich alles fokussierte. Die Kinder kamen mehr ins Gespräch und auch das Sammeln der Resultate war ergiebiger als in der vorherigen Stunde. Positiver war außerdem der Einsatz der Dokumentenkammera. Die Einführung der Begriffe „Gerade" und „Schnittpunkt" funktionierte in der

---

[8] Nolte, M., Was macht Mathematik aus? Nachhaltige paradigmatische Ansätze für die Förderung mathematisch besonders begabter Schülerinnen und Schüler. Münster 2006, 75 f.
[9] Ebd.
[10] Ebd.
[11] Ebd.
[12] Ebd.

zweiten Stunde mithilfe des ausreichenden Platzes besser und für alle sichtbar. Außerdem konnten die Kinder mit ihren eigenen Produkten erklären, welche Lösungen sie gefunden haben. Für einen weiteren Einsatz dieser Idee würde ich die zweite Variante vorziehen. Ich glaube auch, dass wir die Ergebnisse der Kinder nicht genügend diskutiert haben und daran zusammen weiter gedacht haben. Doch genau daraus kann etwas Produktives erwachsen.

Das Arbeitsblatt an sich, finde ich nicht schlecht. Mir ist allerdings aufgefallen, dass der Platz der einzelnen Aufgaben, für einige Kinder zu knapp war. Sie benutzten deshalb die Rückseite. Lösungsweg und Ergebnisse sind dadurch getrennt. Mögliche Fehler oder Zusammenhänge können nicht auf einen Blick erkannt werden. Deshalb würde ich mehr Platz zum Ausprobieren lassen. Unsicher war ich mir, ob man bei der dritten und vierten Aufgabe eine Struktur zum Aufschreiben der Ergebnisse anbieten soll. Ich glaube jetzt aber, dass man ohne etwas vorzugeben eine größere Vielfalt an Lösungen erhält und daran mehr erkennen kann.

Zusammenfassend wäre es eine Verbesserung, die Haltung zu verändern. Eigene Fehler zuzulassen und mutig mit den Kindern deren Gedanken zuzulassen, auszutesten und gemeinsam weiterzuentwickeln. Und Vertrauen in die Kinder zu haben, die einen mit ihren spannenden Gedankengängen überraschen und ins Nachdenken bringen können. Der Unterricht kann damit ein Unterricht im Sinne entdeckenden Lernens für alle Beteiligten werden.

Literaturverzeichnis

Aßmus, D.: Merkmale mathematischer Begabung. 2014.

Bauersfeld, H. & Kießwetter, K.: Wie fördert man mathematisch besonders befähigte Kinder?. Mildenberger Verlag. Kronach 2010.

Käpnick, F.: Das Münsteraner Projekt „Mathe für kleine Asse!. Perspektiven von Kindern, Studierenden und Wissenschaftlern. Verlag für wissenschaftliche Texte und Medien. Münster 2010.

Nolte, M: Was macht Mathematik aus? Nachhaltige paradigmatische Ansätze für die Förderung mathematisch besonders begabter Schülerinnen und Schüler. Verlag für wissenschaftliche Texte und Medien. Münster 2006.

Peter-Koop, A.: Mathematisch besonders begabte Grundschulkinder als schulische Herausforderung, Mildenberg Verlag. Offenburg 2002

Anhang

Schnittpunkte von Geraden

1.   Was sind Schnittpunkte?

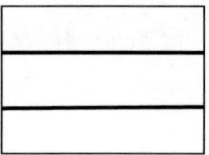

Kein Schnittpunkt   ein Schnittpunkt   ein Schnittpunkt

2.   Wie viele Schnittpunkte können 3 Geraden haben?

3.   Wie viele Schnittpunkte können 4, 5, 6, 7 Geraden **höchstens** haben?

4.   Gib eine Regel für die Anzahl der Schnittpunkte, die höchstens entstehen können an! Begründe sie!